BEI GRIN MACHT SICH IHR WISSEN BEZAHLT

- Wir veröffentlichen Ihre Hausarbeit,
  Bachelor- und Masterarbeit

- Ihr eigenes eBook und Buch -
  weltweit in allen wichtigen Shops

- Verdienen Sie an jedem Verkauf

Jetzt bei www.GRIN.com hochladen
und kostenlos publizieren

GRIN ☺

Marc A. Bauch

Berühren und senkrechtes Schneiden von Funktionsgraphen

GRIN Verlag

Bibliografische Information der Deutschen Nationalbibliothek:

Die Deutsche Bibliothek verzeichnet diese Publikation in der Deutschen National-
bibliografie; detaillierte bibliografische Daten sind im Internet über http://dnb.d-
nb.de/ abrufbar.

Impressum:

Copyright © 2007 GRIN Verlag GmbH
Druck und Bindung: Books on Demand GmbH, Norderstedt Germany
ISBN: 978-3-638-86949-2

Dieses Buch bei GRIN:

http://www.grin.com/de/e-book/82290/beruehren-und-senkrechtes-schneiden-von-
funktionsgraphen

GRIN - Your knowledge has value

Der GRIN Verlag publiziert seit 1998 wissenschaftliche Arbeiten von Studenten, Hochschullehrern und anderen Akademikern als eBook und gedrucktes Buch. Die Verlagswebsite www.grin.com ist die ideale Plattform zur Veröffentlichung von Hausarbeiten, Abschlussarbeiten, wissenschaftlichen Aufsätzen, Dissertationen und Fachbüchern.

Besuchen Sie uns im Internet:

http://www.grin.com/

http://www.facebook.com/grincom

http://www.twitter.com/grin_com

Berühren und senkrechtes Schneiden von Funktionsgraphen

von
Marc A. Bauch

meiner Schwester Susanne gewidmet

Vorwort

Für eine geometrische Einführung in die Differentialrechnung bieten sich die Themenkomplexe Tangente und Normale sowie differentialgeometrische Aufgaben an. Im vorliegenden Buch möchte ich zeigen, wie man zwei Spezialfälle aus der Differenzialgeometrie, nämlich dass sich Funktionsgraphen berühren bzw. senkrecht schneiden, im Mathematikunterricht der Klasse 11 behandeln kann.

Das vorliegende Buch beinhalten eine Einordnung der Unterrichtsstunde in die Unterrichtsreihe, die Analyse des Lehrstoffs, didaktische und methodische Entscheidungen, den Verlauf der Stunde und Arbeitsmaterialien. Das Arbeitsmaterial soll Lehrern und Didaktikern als Hilfe und Anregung dienen. Die in diesem Buch vorgestellte Unterrichtsstunde und die enthaltenen Arbeitsmaterialien entstanden während meines Mathematikunterrichts im Schuljahr 2003 / 2004 und kamen auch in den Schuljahren danach erfolgreich zum Einsatz.

Ich wünsche meinen Lesern einen Teil der Freude, die ich beim Verfassen des vorliegenden Buchs hatte. Ich würde mich freuen, wenn ein Funke meiner Begeisterung für die Analysis auf den fachkundigen Leser überspringt.

Hermeskeil, im November 2007   Marc A. Bauch

Inhaltsverzeichnis

Berühren und senkrechtes Schneiden von Funktionsgraphen

von
Marc A. Bauch

1. Einordnung der Unterrichtsstunde in die Unterrichtsreihe

Für eine geometrische Einführung in die Differentialrechnung bieten sich die Themenkomplexe Tangente und Normale sowie differentialgeometrische Aufgaben an. Die Unterrichtsreihe lässt sich gemäß Lehrplan in fünf Abschnitte gliedern:[1]

(1) Geraden (Wiederholungsphase: Steigung einer Geraden, Geradengleichungen, Lagebeziehung zweier Geraden)

(2) Verallgemeinerung des Steigungsbegriffs

(3) Berechnung von Steigungen – erste Ableitungsregeln (Faktor- und Summenregel)

(4) Tangente und Normale

(5) Differentialgeometrische Aufgaben

Bis zur vorzustellenden Unterrichtsstunde sind die Abschnitte (1) bis (4) und Teile von (5) mit den Schülerinnen und Schülern erarbeitet und geübt worden. Die Schüler können also bereits Tangenten und Normalen aufstellen und einige differentialgeometrische Aufgaben lösen.

In der Stunde vorher bestimmen die Schülerinnen und Schüler Tangenten bzw. Normalen eines Funktionsgraphen, die durch einen vorgegebenen Punkt verlaufen, der nicht auf dem Graphen liegt. In der vorzustellenden Unterrichtsstunde selbst wird das Berühren und senkrechte Schneiden von Funktionsgraphen behandelt. Das Thema der vorzustellenden Unterrichtsstunde gehört zu Abschnitt (5). Nachdem dieser für die Schülerinnen und Schüler neue mathematische Sachverhalt intensiv geübt worden

---

[1] vgl. *Lehrplan für die Klassenstufen 11 – Gymnasium – Mathematik* (Saarbrücken, 1987), S. 1.

ist, wird in einer der Folgestunden der allgemeine Fall, Schnittwinkel von zwei sich schneidenden Graphen, behandelt.

2. Analyse des Lernstoffs

2.1 Fachwissenschaftliche Analyse

Die Frage, unter welchem Winkel sich zwei Graphen schneiden, führt man auf die Lagebeziehung der betreffenden Tangenten zurück.

> **Definition** (*Schnittwinkel zweier Funktionsgraphen*):
>
> Unter dem *Schnittwinkel zweier Funktionsgraphen* versteht man den Schnittwinkel ☐ γ ihrer Tangenten im Schnittpunkt der beiden Graphen (falls die Tangenten existieren).

Zwei sich schneidende Tangenten haben im Allgemeinen zwei Paare von Scheitelwinkel. Unter dem Schnittwinkel ☐ γ versteht man den kleineren Winkel mit $0° \leq \gamma \leq 90°$.

Ähnlich wie bei Geraden gilt folgender Zusammenhang:

> **Satz**:
>
> Seien G_f und G_g zwei Funktionsgraphen und $S(x_S, y_S)$ ein gemeinsamer Punkt. Existieren in diesem Punkt jeweils Tangenten an die Graphen und haben diese die Steigungen $m_{t_f} = f'(x_S) = \tan\alpha_f$ und $m_{t_g} = g'(x_S) = \tan\alpha_g$, so gilt für das Maß des Schnittwinkels ☐ γ der Funktionsgraphen:
>
> $$\gamma = \min\left\{\left|\alpha_f - \alpha_g\right|, 180° - \left|\alpha_f - \alpha_g\right|\right\}$$

Es gibt zwei Spezialfälle:

Die Graphen von f und g

- **berühren sich** an der Stelle x_0 genau dann, wenn gilt:

$$f(x_0) = g(x_0) \wedge f'(x_0) = g'(x_0)$$

(d. h. die Tangenten sind identisch).

- **schneiden sich rechtwinklig** an der Stelle x_0 genau dann, wenn gilt:

$$f(x_0) = g(x_0) \wedge f'(x_0) \cdot g'(x_0) = -1$$

(d. h. die Tangenten schneiden sich senkrecht im gemeinsamen Schnittpunkt senkrecht).

2.2 Alternative Unterrichtsmöglichkeiten

Man kann den der vorzustellenden Unterrichtsstunde zu Grunde liegenden Sachverhalt anwendungsorientiert, aber auch innermathematisch motivieren und problematisieren. Für den anwendungsorientierten Zugang bieten sich Beispiele aus der Ornamentik an. Als Einstieg wäre es möglich, zu Tangenten am Kreis zurückzukehren oder Kirchenfenster als reale Beispiele zu betrachten. Auch die Ästhetik der Beispiele spricht für einen solchen Einstieg.

Innermathematisch betrachtet man zwei sich schneidende Graphen und ihre zugehörigen Tangenten im Schnittpunkt. Ich habe mich für diesen zweiten Zugang entschieden, weil man damit sofort beim eigentlichen Thema ist.

2.3 Didaktische Reduktion

Es würde reichen, sich auf die Steigungen der Funktionsgraphen im gemeinsamen Schnittpunkt zu beschränken, aber da die Steigung in einem Punkt anschaulich durch die Tangente repräsentiert wird, gehe ich über den Weg der Tangenten.

In der vorzustellenden Unterrichtsstunde werden die Spezialfälle „zwei Graphen berühren sich" und „zwei Graphen schneiden sich senkrecht" betrachtet. Die vorzustellende Unterrichtsstunde behandelt thematisch einen Spezialfall bei der Bestimmung des Schnittwinkels von zwei sich schneidenden Graphen in einem gemeinsamen Schnittpunkt.

Der zentrale Gegenstand der Stunde besteht in der Erarbeitung und der anschließenden Benutzung der Definitionen der beiden Spezialfälle. Parameteraufgaben mit der Umkehrung des Problems werden als Puffer in der vorzustellenden Unterrichtsstunde oder in der Folgestunde erarbeitet. Der allgemeine Fall bleibt ebenfalls den Folgenstunden vorbehalten.

In der vorzustellenden Unterrichtsstunde ist es mir wichtig, dass die Schüler die erarbeitete Definition bei Aufgaben anwenden können. Aufgaben mit Parametern sind erfahrungsgemäß für Schüler schwer und sollten daher ausführlich in der Folgestunde geübt werden. Da die Hausaufgaben aber das im Unterricht Erarbeitete weiterführen sollen, kann eine einfache Parameteraufgabe in der nachbereitenden Hausaufgabe gestellt werden.

3. Didaktisch-methodische Entscheidungen

3.1 Lernziele

3.1.1 Stundenziel

Die Schüler sollen die Definitionen „zwei Graphen berühren sich an der Stelle x_0" und „zwei Graphen schneiden sich senkrecht an der Stelle x_0" kennen lernen und anwenden.

3.1.2 Lernvoraussetzungen

Die Schüler können ...

1. Steigungen von Graphen an der Stelle x_0 bestimmen, indem sie die Ableitung an der Stelle x_0 angeben.
2. Tangenten- und Normalengleichungen an G_f an der Stelle x_0 unter Verwendung der Formel aufstellen.
3. die Eigenschaft der Steigungen benennen, wenn zwei Geraden parallel sind.
4. die Eigenschaft der Steigungen benennen, wenn zwei Geraden senkrecht auf einander stehen.
5. Funktionsgraphen zeichnen.

3.1.3 Feinlernziele

Die Schüler sollen ...

1. ihre Beobachtung aus der vorbereitenden Hausaufgabe verbal und mathematisch-formal formulieren können. (REORGANISATION)

2. den Begriff Schnittwinkel verallgemeinern, indem sie den Schnittwinkel zwischen zwei sich in x_0 schneidenden Graphen als Schnittwinkel der Tangenten definieren. (TRANSFER / PROBLEMLÖSEN)

3. die Definition für zwei sich in einem gemeinsamen Schnittpunkt senkrecht schneidenden Graphen angeben können. (REORGANISATION)

4. die Definition für zwei sich in einem gemeinsamen Punkt berührende Graphen angeben können. (REORGANISATION)

5. die Definition (aus 3. und 4. FLZ) anwenden, indem sie bei Aufgaben mit bzw. ohne vorgegebener Schnittstelle überprüfen, ob sich zwei Graphen berühren oder senkrecht schneiden. (REORGANISATION)

6. die Definition (aus 3. und 4. FLZ) anwenden, indem sie das umgekehrte Problem, zwei Graphen sollen sich berühren bzw. senkrecht schneiden, bei Parameteraufgaben lösen. (TRANSFER / PROBLEMLÖSEN)

Feinlernziel 6 ist fakultativ.

3.2 Lehr- und Sozialformen

In der Erarbeitungsphase werde ich als Sozialform den fragend-entwickelnden Frontalunterricht wählen, da somit durch gezielte Impulse und Fragen im Vergleich zu Gruppen-, Partner- oder Einzelarbeit ein flexibleres Eingehen auf die Schüler möglich ist. So ist es auch bei eventuell auftretenden Schwierigkeiten möglich die Schüler so zu führen, dass sie die einzelnen Lernziele selbstständig erreichen. Zudem können auf diese Weise auch weniger aktive Schüler in den Unterricht miteinbezogen werden. Durch gezieltes Ansprechen schwächerer Schüler kann sichergestellt werden, dass diese den Entwicklungen folgen können. Das gleiche gilt für die Beispiele in den Übungsphasen.

Die eigentliche Übungsphase wird in Einzelarbeit bzw. Partnerarbeit durchgeführt, wobei ich durch die Reihen gehe und sicherstelle, dass alle Schüler arbeiten. Dabei beantworte ich gegebenenfalls auch Fragen der Schüler. Die Einzelarbeitsphase gewährleistet, dass alle Schüler die neuen Definitionen einüben.

3.3 Lernerfolgskontrollen

Die Feststellung und Sicherung der Lernfortschritte wird während der gesamten Unterrichtsstunde anhand der mündlichen Schülerbeiträge überprüft. Lernerfolgskontrollen finden unter anderem in Form von Wiederholungen oder der Aufforderung, Aussagen zu erklären oder zu begründen, statt. Dabei werden eventuell auch schwächere Schülerinnen und Schüler von mir dazu aufgefordert. Weiterhin kann ich mir während der Partner- und Einzelarbeit in der Übungsphase einen Überblick über den Lernerfolg der Schüler verschaffen

3.4 Medien

Nennung, Beschreibung und methodische Begründung der verwendeten Medien:

Medium	methodisch-didaktische Begründung
Tafel und Kreide (weiß und farbig)	Die Tafel dient dazu, Unterrichtsschritte und -ergebnisse übersichtlich zu präsentieren. Sie ermöglicht außerdem einen flexiblen Umgang mit Schülerbeiträgen, weiteren Ausführungen bei Verständnisproblemen seitens der Schüler

	und lässt problemlos Korrekturen zu. Dem Lehrer bietet sie den Vorteil, zu jeder Zeit auf bereits behandelte Sachverhalte zu verweisen.
Lösungsfolie F	Aus zeitökonomischen Gründen wird die Besprechung der Hausaufgabe teilweise mit Hilfe einer Lösungsfolie erfolgen, anhand derer die Schüler ihre Lösungen auf Korrektheit überprüfen können. Die Lösungen werden zudem auch für die Erarbeitung der Definitionen gebraucht.
Aufgabenblatt AB1 (6.2)	Das Aufgabenblatt (6.2) enthält die vorbereitende Hausaufgabe. Die Reihenfolge der Aufgaben ergibt sich aus der Reihenfolge der Erarbeitungsschritte im Unterricht.
Aufgabenblatt AB2 (6.3)	Die Aufgaben auf dem Aufgabenblatt (6.3) dienen der Festigung der in der vorzustellenden Unterrichtsstunde erlernten Definitionen (Aufgaben 1.a) und b) und 2.a) und b)). Als Puffer ist die Aufgabe 3 vorgesehen, um auch die umgekehrte Problemstellung einzuüben.

3.5 Hausaufgaben

Als vorbereitende Hausaufgabe lösen die Schülerinnen und Schüler die Aufgaben auf dem Arbeitsblatt AB1 (6.2), die ihnen nicht schwer fallen sollten. Die Schülerinnen und Schüler können bereits Tangentengleichungen aufstellen und Graphen zeichnen. Mit den Aufgaben wird die Erarbeitungsphase der vorzustellenden Unterrichtsstunde vorbereitet. Die Schülerinnen und Schüler erledigen die Schritte, die ihnen bekannt sind, schon zu Hause. Die Frage c) „Was fällt Ihnen auf?" ist bewusst offen gestellt. Sie fungiert als Brainstorming-Aufgabe.

Als nachbereitende Hausaufgabe sollen die neuen Definitionen einge-übt werden: Aufgabe 2.c) und Aufgabe 3 auf dem Aufgabenblatt (6.3). Die Aufgabe 2.c) ist reine Wiederholung dessen, was im Unterricht erarbeitet wurde, die Aufgabe 3 vertieft die Problematik. Das dabei entstehende Gleichungssystem lässt sich leicht mit Hilfe des Additionsverfahrens lösen.

4. Verlauf der Stunde

US	FLZ	Geplantes Lehrer- / erwartetes Schülerver-halten	Medien
1	1	L begrüßt S und überprüft ihre Anwesenheit. **Besprechung der Hausaufgaben:** S nennen ihre Tangentengleichungen. L blendet Lösungsfolie mit Graphen ein. S vergleichen ihre Ergebnisse. S nennen ihre Beobachtungen: Die Graphen schneiden sich. In Aufgabe 1 schneiden sich die Tangenten in der vorgegebenen Stelle senkrecht, in Aufgabe 2 sind die Tangenten identisch.	F, AB1 (6.2)
2		**Motivation und Problematisierungsphase:** Die Graphen schneiden sich. S bestimmen den Schnittwinkel von Aufgabe 1 intuitiv, 90°. Bisher wurden sich schneidende Geraden betrachtet und es wurde der Schnittwinkel bestimmt.	

3	1, 2	**Erarbeitungsphase / Ergebnissicherung:**	F, AB1
		L fragt nach Vorschlägen für die allgemeine Definition des Schnittwinkels (vgl. Aufgabe 1). S schlagen vor, man könnte den Schnittwinkel der Tangenten im Schnittpunkt bestimmen.	(6.2), Tafel, Kreide
4	3	Welche Eigenschaft haben zwei sich senkrecht schneidende Graphen? S wiederholen die Eigenschaft von zwei sich senkrecht schneidenden Geraden. S verallgemeinern den Zusammenhang für beliebige Graphen. Ergebnis wird an der Tafel festgehalten.	
5	4	In Aufgabe 2 sind die Tangenten identisch. S beschreiben die Lage der Graphen zueinander. In diesem Fall nennt man das „Berühren". S nennen als Eigenschaften: die Funktionswerte stimmen an der Stelle x_0 überein und die Tangentengleichungen sind identisch. Schülerbeiträge werden an der Tafel festgehalten. L schlägt vor, die zweite Eigenschaft unter Ausnutzung der ersten Eigenschaft zu vereinfachen. Die linke Seitentafel dient als „Schmierzettel". Die vereinfachte Aussage wird als Definition an der Tafel festgehalten.	

6	5	**Übungsphase 1** L löst mit S gemeinsam Aufgabe 1.a). L fragt nach Strategie, um die Aufgabe geschickt zu lösen. Evtl. Hilfe: Vergleich der beiden Definitionen. Welche Gemeinsamkeiten? S schlagen vor: (1) Schnittpunkt überprüfen, (2) Ableitungen an der Schnittstelle bestimmen, dann Entscheidung treffen. L und S lösen gemeinsam Aufgabe 1.a), indem S Rechenschritt nennen und L die Rechenschritte an der Tafel protokolliert. Anschließend lösen S in Einzel- oder Partnerarbeit Teilaufgabe b). Endergebnisse werden verglichen.	Aufgaben-blatt AB2 (6.3), Tafel, Kreide
7			
8	5	**Übungsphase 2** L löst mit S gemeinsam Aufgabe 2.a). S nennt zunächst Rechenschritt und rechnet laut vor. L protokolliert an der Tafel. Anschließend lösen S in Einzel- oder Partnerarbeit Teilaufgabe b). S werden aufgefordert Zwischenergebnisse (Schnitt- / Berührstelle, „Schnittverhalten") zum Vergleichen zu nennen. Endergebnisse werden verglichen.	Aufgaben-blatt AB2 (6.3), Tafel, Kreide
9			
10	6	**Puffer** L löst mit Schülern gemeinsam Aufgabe 3. Evtl. nur ansprechen.	Aufgaben-blatt AB2 (6.3), Tafel, Kreide
11	5, 6	L stellt die Hausaufgabe.	

5. Literaturverzeichnis

Lehrplan

Saarland – Der Minister für Kultus, Bildung und Wissenschaft. Schule im Saarland. *Lehrplan für die Klassenstufen 11 – Gymnasium – Mathematik.* Dillingen: Krüger, 1987.

Fachliteratur und fachdidaktische Literatur

Bauch, Marc. *Einsatz des graphikfähigen Taschenrechners und Taschencomputers im Mathematikunterricht.* Stuttgart: Wiku Verlag, 2003.

Gellert, W. *Kleine Enzyklopädie Mathematik.* Frankfurt: Harry Deutsch, 1988.

Griesel, Heinz, Andreas Gundlach, Helmut Postel und Friedrich Suhr. *Elemente der Mathematik: Mathematik mit neuen Technologien.* Braunschweig: Schroedel, 2007.

Schmid, August und Ingo Weidig. *Lambacher Schweitzer Analysis.* Stuttgart: Klett, 2000.

Schulz, Wolfgang, und Werner Stoye. *Analysis Leistungskurs: Lehrbuch für die Sekundarstufe II.* Berlin: Volk und Wissen Verlag, 1997.

6.   Anhang

6.1   Wiederholungsaufgaben für die Stunde vorher

Übungen zur Wiederholung

1. Unter welcher Bedingung sind zwei Geraden
   a) parallel?
   b) senkrecht?

2. Gegeben sind die Funktionen $f : x \mapsto x^2 - 2x + 1$ und
   $g : x \mapsto -x + 3$.
   a) Bestimmen Sie die Schnittpunkte der Graphen
      von f und g.
   b) Bestimmen Sie die Steigungen von f an den
      Stellen $x_0 = 2$, $x_1 = 0$ und $x_2 = -1$.
   c) Bestimmen Sie die Gleichung der Tangente an
      den Graphen von f an der Stelle $x_0 = 2$.
   d) Bestimmen Sie die Gleichung der Normale an
      den Graphen von f an der Stelle $x_0 = 2$.
   e) Zeichnen Sie die Graphen von f und g sowie die
      Tangente und Normale an den Graphen von f an
      der Stelle $x_0 = 2$ in ein Koordinatensystem.
   f) Beschreiben Sie das Schnittverhalten von Tan-
      gente und Normale.
   g) Bestimmen Sie die Parallele zur Tangente aus
      c), die durch den Ursprung geht.
   h) Geben Sie eine Senkrechte zu der Parallele aus
      g) an. (Hinweis: Eine mögliche Geradengleichung
      wurde bereits bestimmt.)

6.2 Vorbereitende Hausaufgabe

Hausaufgaben

Aufgabe 1

a) Bestimmen Sie eine Gleichung der Tangente an den Graphen G_f bzw. G_g an der Stelle $x_0 = 0$:

   i) $f : x \mapsto -x^2 + \frac{1}{2}x$ ii) $g : x \mapsto x^2 - 2x$

b) Zeichnen Sie die Graphen von f und g sowie deren Tangenten in ein gemeinsames Koordinatensystem.

c) Was fällt Ihnen auf?

Aufgabe 2

a) Bestimmen Sie eine Gleichung der Tangente an den Graphen G_f bzw. G_g an der Stelle $x_0 = 1$:

   i) $f : x \mapsto x^2 + 1$ ii) $g : x \mapsto -x^2 + 4x - 1$

b) Zeichnen Sie die Graphen von f und g sowie deren Tangenten in ein gemeinsames Koordinatensystem.

c) Was fällt Ihnen auf?

6.3 Übungen für den Unterricht und die nachbereitende Hausaufgabe

Übungen

Aufgabe 1

Untersuchen Sie, ob sich die Graphen von f und g an der Stelle x_0 berühren oder rechtwinklig schneiden.

a) $f(x) = x^2 + 3$, $g(x) = 1 + 4x - x^2$, $x_0 = 1$

b) $f(x) = 8 \cdot \sqrt{x}$, $g(x) = 14 + \dfrac{8}{x}$, $x_0 = 4$

Aufgabe 2

Untersuchen Sie, ob sich die Graphen von f und g berühren oder rechtwinklig schneiden.

a) $f(x) = 8 \cdot \sqrt{x} - 11$, $g(x) = 9 - 2\sqrt{x}$

b) $f(x) = -\frac{1}{2}x^3 + x^2 + x - 2$, $g(x) = x - 2$

c) $f(x) = \dfrac{1}{x}$, $g(x) = \frac{1}{2} \cdot (3 - x^2)$

Aufgabe 3

Gegeben sind eine Funktion f und eine Funktionenschar g:

$$f(x) = 3 - x^2, \quad g(x) = \frac{a}{x} \text{ mit } a > 0$$

Bestimmen Sie die Funktion der Schar, deren Graph den Graphen von f berührt.

6.4 Geplante Tafelanschrift

Berühren und senkrechtes Schneiden von Funktionsgraphen

Die Graphen von f und g	Aufgabe 1.a)
- schneiden sich senkrecht an der Stelle x_0 genau dann, wenn gilt (1) $f(x_0) = g(x_0)$ (2) $f'(x_0) \cdot g'(x_0) = -1$ - berühren sich an der Stelle x_0 genau dann, wenn gilt (1) $f(x_0) = g(x_0)$ (2) $f'(x_0) = g'(x_0)$	geg.: $f(x) = x^2 + 3, g(x) = 1 + 4x - x^2, x_0 = 1$ Wir rechnen: (1) $f(1) = 4 = g(1)$ (2) $f'(x) = 2x$, also $f'(1) = 2$ $g'(x) = 4 - 2x$, also $g'(1) = 2$ also $f'(1) = g'(1)$ Die Graphen von f und g berühren sich.

Seitentafel:

Herleitung:

Es gilt:

(1) $\quad f(x_0) = g(x_0)$

(2) $\quad f'(x_0)(x - x_0) + f(x_0) = g'(x_0)(x - x_0) + g(x_0)$

$\quad f'(x_0)(x - x_0) + f(x_0) = g'(x_0)(x - x_0) + f(x_0)$

$\quad f'(x_0)(x - x_0) = g'(x_0)(x - x_0)$

$\quad f'(x_0) = g'(x_0)$

Seitentafel:

Aufgabe 2.a)

<u>geg.:</u>
$f(x) = 8\sqrt{x} - 11, g(x) = 9 - 2\sqrt{x}$

Wir rechnen:
(1) $f(x) = g(x) \Leftrightarrow 8\sqrt{x} - 11 = 9 - 2\sqrt{x}$

$10\sqrt{x} = 20 \Leftrightarrow \sqrt{x} = 2 \Leftrightarrow x = 4$

$f(4) = 5 = g(4)$

(2) $f'(x) = \frac{8}{2\sqrt{x}} = \frac{4}{\sqrt{x}}$, also $f'(4) = 2$

$g'(x) = -\frac{2}{2\sqrt{x}} = -\frac{1}{\sqrt{x}}$, also $g'(4) = -\frac{1}{2}$

also $f'(4) \cdot g'(4) = -1$

Die Graphen von f und g schneiden sich senkrecht an der Stelle $x = 4$.

6.5 Lösungen zu den Wiederholungsaufgaben (6.1)

1.

> Für die nicht achsenparallelen Geraden g_1 und g_2 mit den Steigungen m_1 und m_2 gilt:
> (a) $g_1 \| g_2 \Leftrightarrow m_1 = m_2$
> (b) $g_1 \perp g_2 \Leftrightarrow m_1 \cdot m_2 = -1$

2.a) Wir setzten die Funktionsterme gleich

$$f(x) = g(x)$$
$$\Leftrightarrow x^2 - 2x + 1 = -x + 3$$
$$\Leftrightarrow x^2 - x - 2 = 0$$
$$\Leftrightarrow (x - 2)(x + 1) = 0$$
$$\Leftrightarrow x = 2 \lor x = -1$$

Wegen $f(2) = g(2) = 1$ und $f(-1) = g(-1) = 4$ erhalten wir

die Schnittpunkte $S_1(2|1)$ und $S_2(-1|4)$.

b) Mit Steigung ist stets die Ableitung an einer Stelle ge-

meint. Es gilt $f'(x) = 2x - 2$. Also ist

$$f'(2) = 2$$
$$f'(0) = -2$$
$$f'(-1) = -4$$

c) $t: y = f'(2)(x - 2) + f(2) = 2(x - 2) + 1 = 2x - 3$

d) $n: y = -\frac{1}{f'(2)}(x - 2) + f(2) = -\frac{1}{2}(x - 2) + 1 = -\frac{1}{2}x + 2$

e)

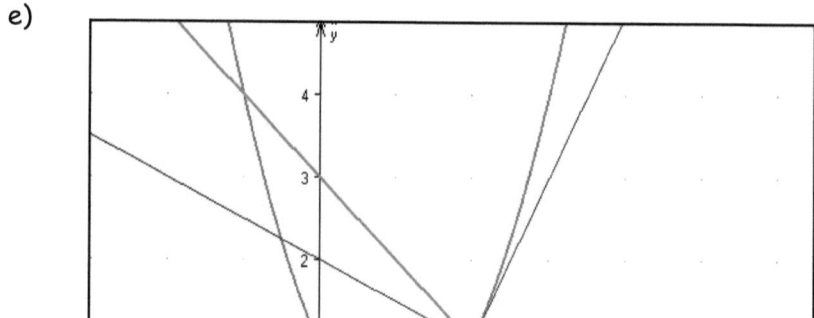

f) Schnittverhalten:

Tangente und Normale schneiden sich senkrecht!

g) $y = 2x$

h) die Normale (s. Teilaufgabe d))

6.6 Lösungen zu den vorbereitenden Hausaufgaben (6.2)

Aufgabe 1

a) $f'(x) = -2x + \frac{1}{2}$, also $f'(0) = \frac{1}{2}$

$t_f : y = \frac{1}{2}x$

$g'(x) = 2x - 2$, also $g'(0) = -2$

$t_g : y = -2x$

b)   siehe Folie

Aufgabe 1
(ohne Tangenten)

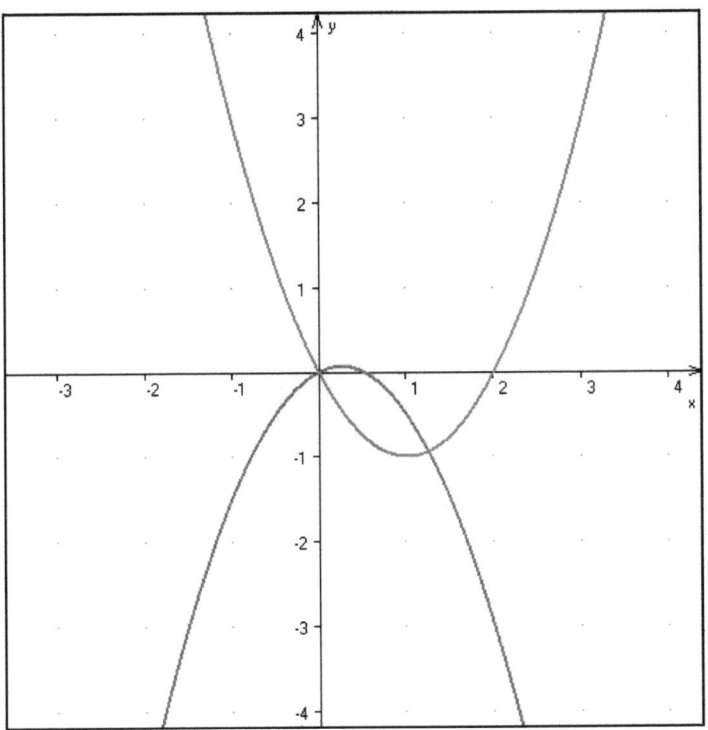

Aufgabe 1
(mit Tangenten)

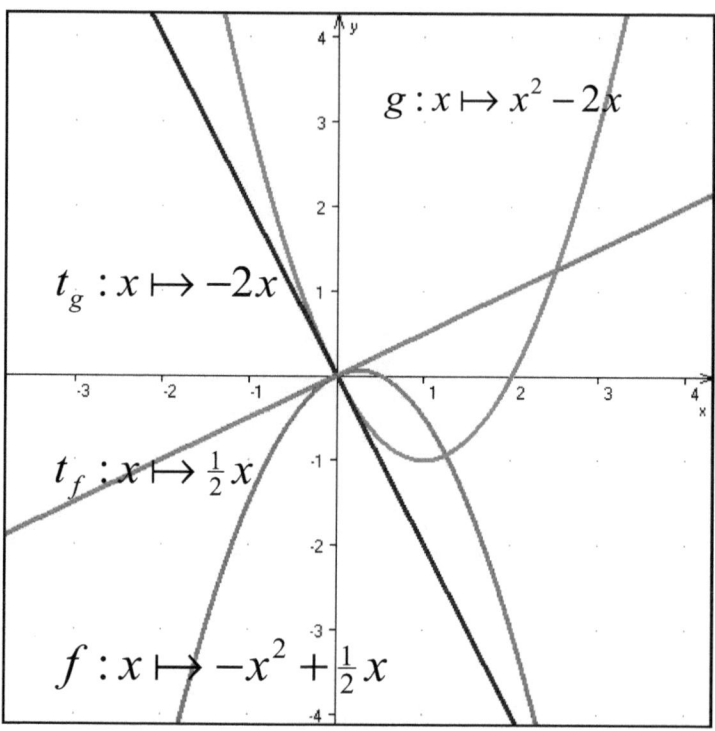

$$g : x \mapsto x^2 - 2x$$

$$t_g : x \mapsto -2x$$

$$t_f : x \mapsto \tfrac{1}{2}x$$

$$f : x \mapsto -x^2 + \tfrac{1}{2}x$$

c) Die Graphen G_f und G_g schneiden sich an der Stelle $x_0 = 0$ (und $x_1 = \tfrac{5}{4}$). Die Tangenten schneiden sich in $(0|0)$ senkrecht.

Aufgabe 2

a) $f'(x)=2x$, also $f'(1)=2$

$t_f:y=2(x-1)+2=2x$

$g'(x)=-2x+4$, also $g'(1)=2$

$t_g:y=2(x-1)+2=2x$

b) siehe Folie

Aufgabe 2
(ohne Tangenten)

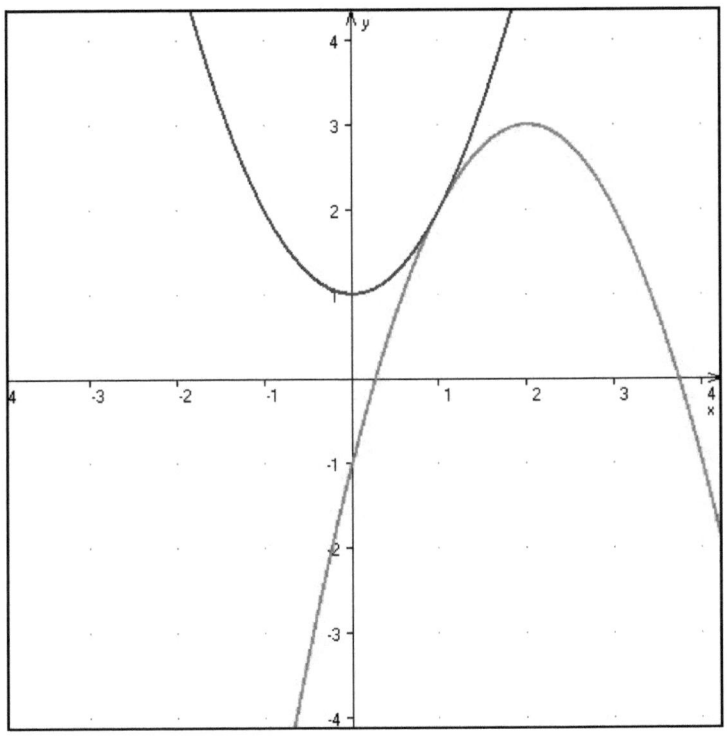

Aufgabe 2
(mit Tangenten)

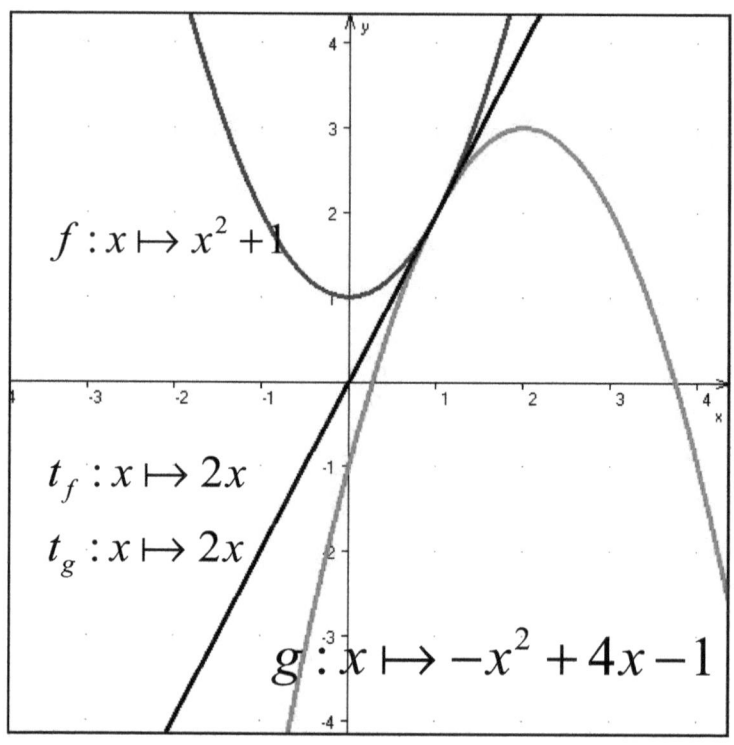

$$f : x \mapsto x^2 + 1$$

$$t_f : x \mapsto 2x$$

$$t_g : x \mapsto 2x$$

$$g : x \mapsto -x^2 + 4x - 1$$

c) Die Graphen G_f und G_g haben als gemeinsamen Punkt $(1|2)$. Die

Tangenten im Punkt $(1|2)$ sind identisch.

6.7 Lösungsvorschläge zu den Übungen für den Unterricht und die nachbereitende Hausaufgabe (6.3)

Aufgabe 1

a) (1) $f(1) = 4 = g(1)$

   (2) $f'(x) = 2x$, also $f'(1) = 2$

   $g'(x) = 4 - 2x$, also $g'(1) = 2$

   also: Die Graphen von f und g berühren sich an der Stelle $x_0 = 1$.

b) (1) $f(4) = 16 = g(4)$

   (2) $f'(x) = \frac{8}{2\sqrt{x}} = \frac{4}{\sqrt{x}}$, also $f'(4) = 2$

   $g'(x) = -\frac{8}{x^2}$, also $g'(4) = -\frac{1}{2}$

   also: Die Graphen von f und g schneiden sich senkrecht an der Stelle $x_0 = 4$.

Aufgabe 2:

a) (1) $8\sqrt{x} - 11 = f(x) = g(x) = 9 - 2\sqrt{x}$

   $10\sqrt{x} = 20 \Leftrightarrow \sqrt{x} = 2 \Leftrightarrow x = 4$

   $f(4) = 5 = g(4)$

   (2) $f'(x) = \frac{8}{2\sqrt{x}} = \frac{4}{\sqrt{x}}$, also $f'(4) = 2$

   $g'(x) = -\frac{2}{2\sqrt{x}} = -\frac{1}{\sqrt{x}}$, also $g'(4) = -\frac{1}{2}$

   also: Die Graphen von f und g schneiden sich senkrecht an der Stelle $x_0 = 4$.

b) (1) $-\frac{1}{2}x^3 + x^2 + x - 2 = f(x) = g(x) = x - 2$

   $\left(-\frac{1}{2}x + 1\right)x^2 = -\frac{1}{2}x^3 + x^2 = 0$

   $(x - 2)x^2 = 0$, also $x_0 = 2 \vee x_1 = 0$

$$f(2) = 0 = g(2) \text{ und } f(0) = -2 = g(0)$$

(2) $\underline{x_0 = 2}$: $f'(x) = -\frac{3}{2}x^2 + 2x + 1$, also $f'(2) = -1$

$g'(x) = 1$, also $g'(2) = 1$

also: Die Graphen von f und g schneiden sich senkrecht an der Stelle $x_0 = 2$.

$\underline{x_1 = 0}$: $f'(0) = 1$

$g'(0) = 1$

also: Die Graphen von f und g berühren sich an der Stelle $x_1 = 0$.

c)   (1) $\frac{1}{x} = f(x) = g(x) = \frac{1}{2}(3 - x^2)$

$2 = x(3 - x^2)$

$0 = x^3 - 3x + 2 = (x-1)^2(x+2) \Leftrightarrow x_0 = 1 \lor x_1 = -2$

$f(1) = 1 = g(1)$ und $f(-2) = -\frac{1}{2} = g(-2)$

(2) $\underline{x_0 = 1}$: $f'(x) = -\frac{1}{x^2}$, also $f'(1) = -1$

$g'(x) = \frac{1}{2} \cdot (-2x) = -x$, also $g'(1) = -1$

also: Die Graphen von f und g berühren sich an der Stelle $x_0 = 1$.

$\underline{x_1 = -2}$: $f'(-2) = -\frac{1}{4}$

$g'(-2) = 2$

also: keiner der obigen Fälle!

Aufgabe 3:

G_f und G_g berühren sich an einer Stelle x_0 genau dann wenn gilt

$$\begin{cases} f(x_0) = g(x_0) \\ f'(x_0) = g'(x_0) \end{cases} \Leftrightarrow \begin{cases} 3 - x^2 = \frac{a}{x} \\ -2x = -\frac{a}{x^2} \end{cases} \Leftrightarrow \begin{cases} 3x - x^3 = a \\ -2x^3 = -a \end{cases}$$

Wir berechnen x_0 und a mit dem Additionsverfahren:

$$3x - 3x^3 = 0 \Leftrightarrow 3x(1 - x^2) = 3x(1 - x)(1 + x) = 0$$

also: $x_0 = 0 \vee x_1 = 1 \vee x_2 = -1$

(1) wenn $x_0 = 0$, dann $a = 0$

(2) wenn $x_1 = 1$, dann $a = 2$

(3) wenn $x_2 = -2$, dann $a = -2$

Wegen $a > 0$ kommt nur Fall (2) in Frage, also: Die Graphen von

$f(x) = 3 - x^2$ und $g(x) = \frac{2}{x}$ berühren sich an der Stelle $x_1 = 1$.

Vom gleichen Autor

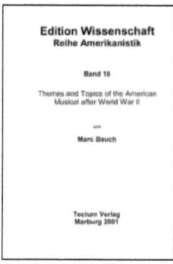

Bauch, Marc. *Themes and Topics of the American Musical after World War II*. Edition Wissenschaft. Reihe Amerikanistik. Band 16. Marburg: Tectum Verlag, 2001

ISBN: 3-8288-1141-8

Bauch, Marc. *The American Musical*. Marburg: Tectum Verlag, 2003.

ISBN: 3-8288-8458-X

Bauch, Marc. *Einsatz des graphikfähigen Taschenrechners und Taschencomputers im Mathematikunterricht*. Stuttgart: Wiku-Verlag, 2004.

ISBN: 3-936749-37-X

Bauch, Marc. *Friar Lawrence's Plan in William Shakespeare's ROMEO AND JULIET and His Function as a Counsellor*. München: Grin, 2007.

ISBN: 978-3-638-77449-9

Über den Autor

Marc A. Bauch, geb. 1973 in Hermeskeil

- Studium der Mathematik, Amerikanistik und Informatik an der Universität des Saarlandes, der Universität Hagen und der University of Glasgow
- Hochschullehrtätigkeiten in Mathematik und Amerikanistik an der Universität des Saarlandes
- Referendariat am Staatlichen Studienseminar in Neunkirchen in den Fächern Mathematik und Englisch
- seit 2002 Juror im Fachgebiet Mathematik / Informatik beim Regionalwettbewerb „Jugend forscht" in Bitburg
- Redakteur und Moderator bei „Univox – dem saarländischen Hochschulradio"
- Mitglied in der Deutschen Gesellschaft für Amerikastudien und der Gesellschaft für Kanadastudien
- zurzeit Studienrat für Mathematik, Englisch und Informatik am Peter-Wust-Gymnasium in Wittlich.

Veröffentlichungen:

Themes and Topics of the American Musical after World War II (Marburg, 2001)

The American Musical (Marburg, 2003)

Einsatz des graphikfähigen Taschenrechners und Taschencomputers im Mathematikunterricht (Stuttgart, 2004)

Friar Lawrence's Plan in William Shakespeare's Romeo and Juliet and His Function as a Counsellor (München 2007)

Teaching Grammar: Conditional Clauses (München 2007)

Textarbeit mit kommunikativen Übungen im Englischunterricht (München, 2007)